科學 科技 工程 藝術 數學
Science Technology Engineering Art Maths

STEAM 學習入門

科技
TECHNOLOGY

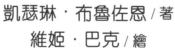

凱瑟琳·布魯佐恩 / 著

維姬·巴克 / 繪

新雅文化事業有限公司
www.sunya.com.hk

STEAM 學習入門

科技 TECHNOLOGY

作者：凱瑟琳‧布魯佐恩（Catherine Bruzzone）
設計繪圖：維姬‧巴克（Vicky Barker）
譯者：羅睿琪
責任編輯：胡頌茵
出版：新雅文化事業有限公司
香港英皇道499號北角工業大廈18樓
電話：（852）2138 7998　　傳真：（852）2597 4003
網址：http://www.sunya.com.hk
電郵：marketing@sunya.com.hk
發行：香港聯合書刊物流有限公司
香港新界大埔汀麗路36號中華商務印刷大廈3字樓
電話：（852）2150 2100　　傳真：（852）2407 3062
電郵：info@suplogistics.com.hk
印刷：中華商務彩色印刷有限公司
香港新界大埔汀麗路36號
版次：二〇一六年八月初版
二〇一八年九月第三次印刷
版權所有 • 不准翻印

ISBN: 978-962-08-6627-2
Original title: Technology Activity Book
Copyright © b bmall publishing ltd. 2015
Traditional Chinese Edition ©2016 Sun Ya Publications (HK) Ltd.
18/F, North Point Industrial Building, 499 King's Road, Hong Kong
Published and printed in Hong Kong.

什麼是科技？

　　科技是科學知識的應用。科學家和工程師應用科學知識，努力研究出各種工具、改進技術和發明機械來改善我們的生活。藉着科技的進步，人們可以更好地溝通，例如電腦和手提電話等產物都是科技的成果。

　　科技並非單指新穎的數碼產品，我們日常生活中很多不起眼的物品，例如簡單又樸實的門鉸、剪刀、顏色筆等都是科技的成果呢。甚至我們愛吃的糖果和巧克力，也是人們應用了科學原理製作的。認識科技可以鼓勵我們發揮創意，思考如何改善我們的生活，培養主動學習探究的精神。

STEAM是什麼？

　　STEM是代表科學（**S**cience）、科技（**T**echnology）、工程（**E**ngineering）和數學（**M**athematics）這四門學科的英文首字母的縮寫。這四門學科的學習範疇緊密相連，互相影響發展。而在STEM加上藝術（**A**rt）的A，就組成了**STEAM**。藝術的技巧和思考方法可以應用在科技上，同樣，科技、科學和數學也能啟發藝術應用。**STEAM**的五個範疇可以解決問題，改善我們的生活，應用的廣泛性超乎我們想像。

    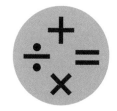

科學	科技	工程	藝術	數學
（Science）	（Technology）	（Engineering）	（Art）	（Maths）

水龍頭是怎麼運作的？

在日常生活中，我們會利用水龍頭來取水，水龍頭能隨時控制水從裏面流出來或停止流動。現今的水龍頭大多是同時連接着熱水和冷水喉管。水龍頭裏有兩塊有洞的圓片，稱為「閥門」。當你扭動水龍頭時，閥門會隨之旋轉，令上面的洞口打開或閉上。喉管內的水承受壓力，因為水在水龍頭中一直壓向圓片，當圓片對齊，上面洞口打開時，水便會湧出來。

請你從水龍頭開始隨着這道水流流到排水口，開展一趟水的旅程吧。

廁所學問多

以前人們會把家中的污水（包括大便和小便）倒往街上，污水會散發出相當難聞的臭味。現今的抽水馬桶讓我們可以輕易地用水沖走排泄物，不但能保持周邊環境乾淨，還能避免疾病傳播。沖廁時，只要轉動手柄，水便會湧進馬桶，將污水沖走。污水會沿着喉管流向街道下的污水道，然後到達污水處理中心。污水經過淨化處理，變得潔淨才會被排放到海洋與河流中。

在日常生活中，廁所對我們非常重要！請你試試回答本頁的選擇題，測試一下你對廁所的認識吧。

1. 世界廁所日是哪一天？

    A. 8 月 9 日

    B. 11 月 19 日

    C. 4 月 1 日

    D. 10 月 17 日

2. 你的一生中平均會花多少時間坐在馬桶上？

    A. 半年

    B. 3 年

    C. 5 年

    D. 12 年

3. 在廁紙出現之前，維京人從前是用什麼東西來代替廁紙的呢？

    A. 寬闊的木棒

    B. 大片的樹葉

    C. 羊毛

    D. 動物的皮

4. 猜一猜，以下哪一種物品帶有的病菌會比廁所板的更多？（可選多於一項）

    A. 手提電話

    B. 電腦鍵盤

    C. 洗碗海綿

    D. 寵物食物碗

5. 你知道人們把製作廁所刷的技術用於製作什麼東西嗎？

    A. 人工樹木

    B. 牙刷

    C. 直尺

    D. 塑膠首飾

5

發射！

在中世紀時代的重要城市，人們會築起堅固而巨大的城牆來防衞，城裏還有堅固的堡壘或要塞。在發明火藥以前，弩炮就是攻擊堡壘和城市的最強武器，它以絞繩的扭力來發射彈體。弩炮上放置石塊的長臂會被拉下來，由於承受張力，長臂會試圖掙脫把它拉下來的東西。當張力被釋放，長臂便會揮出去，並將石塊射走。弩炮可以用來發射沉重的石塊，甚至腐爛的動物屍體！

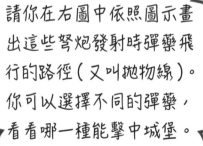

請你在右圖中依照圖示畫出這些弩炮發射時彈藥飛行的路徑（又叫拋物線）。你可以選擇不同的彈藥，看看哪一種能擊中城堡。

轉圈圈

你有試過用手洗衣服嗎？那是非常辛苦的工作呢。從前的婦女在家中要負責用手洗大部分衣物，因此洗衣機的發明令婦女的日常生活出現了重大的改變。洗衣機能自動注滿水，同時加入洗衣粉或洗衣液，然後把水加熱；當它轉動時，它會將衣物拋來拋去，使上面的污漬脫落，過程中它會換水來沖洗數遍，最後它會高速地轉動把濕漉漉的衣物脫水，令衣物不再滴水。

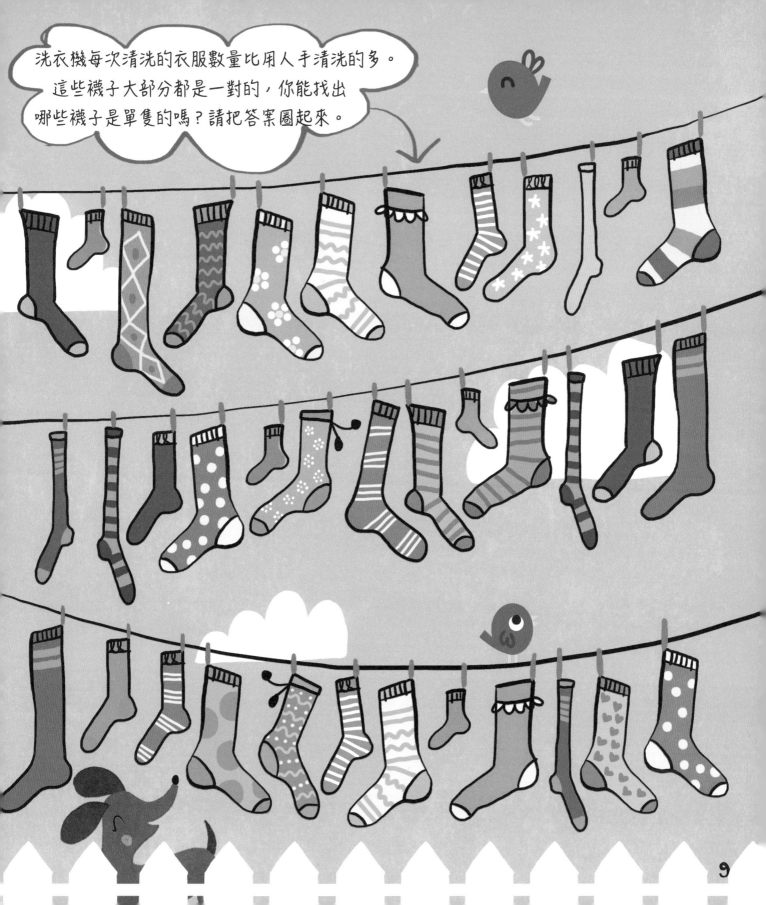

洗衣機每次清洗的衣服數量比用人手清洗的多。
這些襪子大部分都是一對的,你能找出
哪些襪子是單隻的嗎?請把答案圈起來。

拉拉鏈

請把這個筆袋的拉鏈畫完整，然後在空白的位置畫上你喜歡的圖案吧。

拉鏈的兩邊分別是一排細小的鏈齒，這些鏈齒大小完全相同，有着相同的距離相隔。當你仔細觀察拉鏈，你會發現其中一邊是由一個鏈齒開始排列，而另一邊則由空隙開始的。這樣當你拉上外套上的拉鏈時，拉鏈扣便會在瞬間把兩排鏈齒連接起來。

拉鏈是在1900年代初發明的，在拉鏈出現之前，人們一般會用鈕扣或鈎眼扣來固定衣服，所以穿衣服要花上較長時間，有些富有的人甚至會僱用僕人來幫他們穿衣服！如今人們更發明了密封拉鏈，用於深海潛水衣或太空衣上。這就是簡單的科技小發明如何切實改善人類生活的好例子。

你能找出圖中哪些人的衣服上有拉鏈嗎？請把他們塗上顏色。

泵呀泵

當你拉出氣泵的手柄，氣泵會抽入空氣；當你將氣泵的手柄推入去，空氣便會被推到或壓縮到氣泵的管道或氣室底部。空氣的壓力會推開氣泵的細小氣閥，就像打開了一道小門一樣，然後空氣會從一條狹窄的管道高速湧出，就這樣可以把皮球……或是氣球與單車輪胎充氣膨脹起來。

請解開以下這些纏成一團的氣泵喉管，找出哪一個人充氣的速度是最快的。

活塞

氣閥

氣室

以下兩幅圖畫中有 20 處不同的地方，請你把所有的不同之處在圖 B 中圈出來吧。

下圖的家庭需要一個氣泵呢！

A.

B.

連接分隔之地

桁架橋

拱橋

梁橋

橋樑有很多不同的種類呢。你能帶着這個家庭由他們的家出發,開車前往海灘,而途中只經過所有橋樑一次嗎?

斜拉橋

14 起點

懸索橋

終點

懸臂橋

繫桿拱橋

橋樑的設計是利用了壓縮力與張力的原理。壓縮力是指當你將一些東西推在一起時所使用的力。張力則是當你將一些東西拉開時所使用的力。如果你能掌握適當的壓縮力和張力，你便能製造出非常堅固的結構。各種橋樑以不同的方式利用它們自身的重量以保持穩定直立，那是非常精巧的平衡工夫呢。

互聯網

請發揮你的想像力，在下面空白的位置畫出互聯網如何透過電腦聯繫世界各地。

　　互聯網是一種把全世界的電腦互相連接起來的方式。人們可以透過線路連接網絡，或者以無線網絡方式來連接。你可以用互聯網發送電郵信息，在網上聊天、打電話或進行視像通訊。你也可以在網上（萬維網，World Wide Web，簡稱www）搜尋資料。這些充滿資訊的頁面就是透過互聯網連接起來的。你只需登入網頁瀏覽器便可以找到這些頁面。

請在下面的字謎中找出以下這些與互聯網有關的英文詞語,並把它們圈起來吧。(答案可以在直行、橫行或斜行。)

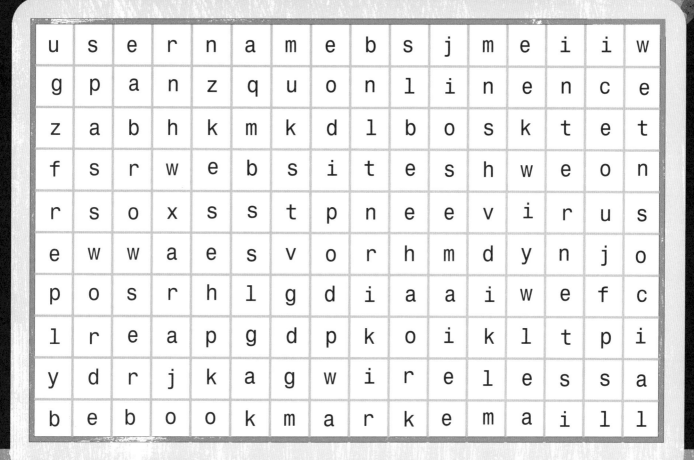

u	s	e	r	n	a	m	e	b	s	j	m	e	i	i	w
g	p	a	n	z	q	u	o	n	l	i	n	e	n	c	e
z	a	b	h	k	m	k	d	l	b	o	s	k	t	e	t
f	s	r	w	e	b	s	i	t	e	s	h	w	e	o	n
r	s	o	x	s	s	t	p	n	e	e	v	i	r	u	s
e	w	w	a	e	s	v	o	r	h	m	d	y	n	j	o
p	o	s	r	h	l	g	d	i	a	a	i	w	e	f	c
l	r	e	a	p	g	d	p	k	o	i	k	l	t	p	i
y	d	r	j	k	a	g	w	i	r	e	l	e	s	s	a
b	e	b	o	o	k	m	a	r	k	e	m	a	i	l	l

website 網頁	bookmark 網頁書籤	online 上線
browser 瀏覽器	wireless 無線網絡	virus 病毒
address 網址	email 電子郵件	username 用戶名稱
internet 互聯網	reply 回覆	password 密碼

social 社交
share 分享

拍照大挑戰

在發明數碼相機之前，如果你要為自己或你喜愛的寵物留下一幅肖像，便要請畫家來繪畫。早期的相機又大又重，而且需要很長時間才能拍到照片。現今的數碼相機體積細小又輕盈，大家還可以用手提電話上的小相機拍照呢。

請你在畫框裏畫出一幅自畫像吧！

18

當你用相機瞄準某些東西時，來自環境或拍攝對象的光線便會透過鏡片進入相機中，這些光線之後會射到感應器上。感應器分成數以百萬計的小正方形，稱為「像素」，每一像素代表了一種顏色或光暗。相機中的電腦會將像素轉化成照片。

數碼影像看起來很平滑，但事實上影像是由許多小正方形（像素）組成的。本頁的影像都是左右對稱的，請你完成這些影像吧。

請在左邊這個框裏，給這些小方格填上顏色來設計一個你喜歡的對稱圖案吧。

講電話

在電話面世之前，如果你要和別人聊天，你便得去對方家中，或是相約在某個地方，與對方面對面交談。如今你只要拿起電話，便能與遠在世界另一端的朋友談天說地了。

你能找出圖中的誰和誰在談天嗎？請給每組對話分別填上同一種顏色。

好的，你會見到我們是山上唯一一間房子。

你今天在你媽媽的辦公室嗎？

沒錯，那裏是6樓。

你的探險旅程如何？

你在哪兒？

你和孩子們在一起嗎？

你找到巴士站了嗎？

你能給我地址來設定衞星導航嗎？

你那邊的天氣怎樣？

當你對着手提電話說話時，它會透過天線把無線電波發送信號到附近的發射站。如果對方身處偏遠的地方，天線會將信號傳送到電話機房，然後機房會將信號轉化成數碼信息，透過衞星信號接收器，傳送到與你通話的人那裏。如果你附近沒有天線，你的手提電話便無法接收信號，因此在大城市裏許多地方都有手提電話發射站。

搖晃起來

你知道微波爐是怎樣把食物加熱的嗎？微波是一種電磁波。微波會令食物中的液體粒子震動，當粒子胡亂地彈來彈去，互相碰撞和磨擦時，就會漸漸變熱。微波只會沿一個方向傳送，因此微波爐中的食物會在盤子上轉圈，以確保微波均勻地經過食物的各部分，將食物徹底煮透。

請你用鉛筆沿着微波的波段畫線看看你可以在多少時間內完成，記得要跟着線條畫，不可畫出界啊！請給自己計時，然後把你的最佳時間寫在左面黃色的位置。

輪子真有用

　　輪椅這項發明讓走路有困難的人能夠去上班、探訪朋友、購物，甚至參與體育項目。

請你在這個熱鬧的籃球場上找出以下這些東西。
- 2 個籃球
- 4 個水瓶
- 6 條頭帶
- 1 隻蝴蝶
- 3 隻小鳥
- 1 頂棒球帽
- 2 對藍色襪子
- 1 面旗幟

　　除了傳統的手動輪椅之外，輪椅也可以使用電力來推動。有些輪椅備有較大的橡膠輪子，讓它們能夠在雪地或水窪中行走。還有，運動輪椅要比普通輪椅輕巧許多，讓傷健運動員能在競技場上飛快前進。

衞星導航指我路

你能把自己從家裏出門上學的
路線圖畫出來嗎？

從前的旅行者沒有準確的地圖。一些古代的探險家在海洋航行時，會靠觀察太陽、月亮和星星來尋找方向。在航海的旅程中，他們畫下了所發現的土地海岸線，然後製成地圖，讓日後的探險者使用。現今的地圖大多已變成數碼化（即把資料儲存在電腦中），人們能用手提電話或汽車內的小型電腦查詢所身處的位置。這對船隻和飛機的航行特別有用。衛星導航儀（Satellite Navigation，簡稱Sat Nav）則是一種以接收來自太空人造衛星所發出的信號來計算位置的儀器。要計算準確，便需要最少來自四個人造衛星的信號資料。

緊急逃生！

遇有危急情況時，空軍機師需要迅速從戰機中逃出，以保住性命。他們會使用一款彈射座椅。首先，機師會拉動手掣，令戰機的頂部打開，彈弓隨即將座椅沿軌道推進，把它彈出機艙外。接着，座椅下的小型火箭會迅速點燃，將座椅射離戰機，然後座椅上的降落傘會打開，減慢座椅的下墜速度。最後，另一個小型降落傘會打開而座椅會脫落，讓機師能安全地慢慢降落到地面。

圖中的這位機師啟動了彈射座椅來逃生！請你看看這六幅圖畫，重組彈射座椅的操作步驟，然後把數字按次序寫在黃色的圓圈內。

開與關

圖中的物件都裝有鉸鏈，讓你能輕易地將它們打開或關上。你能在家中找到一些裝有鉸鏈的物件嗎？請把答案寫在下面的清單上，記得小心你的手指頭啊！

鉸鏈可將兩個物件連接起來，讓它們能夠旋轉或者扭動。其實我們的身體裏也有類似鉸鏈的構造呢。你知道它們在哪裏嗎？請說說看。

在路上

電動車與其他使用電油的汽車不同，它們不會污染空氣，但它們需要電力來為電池充電。電動車行駛時比電油車安靜得多，而且行駛成本也便宜很多。在沒有充電時，電動車無法行走很長的路程，但大部分人都只會以電動車行走很短的距離。近年，毋需司機駕駛的汽車也快將面世了！你能想像出它們的外觀嗎？

請在右面空白的畫框裏畫出一輛你夢想中的汽車吧。它是一輛電動車，因此你要把它連接電掣，讓它得到能源。

答 案

P. 4 略

P. 5
1. B
2. B
3. C
4. 所有答案皆是
5. A

P. 6-7

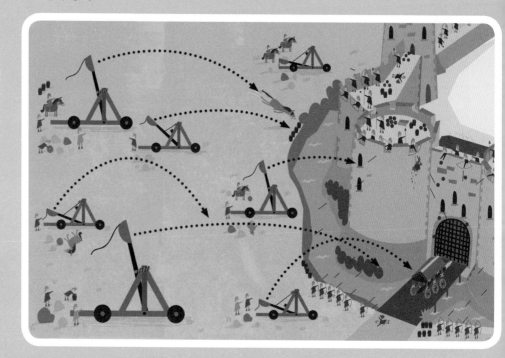

P. 8-9

P. 10 略

P. 11

P. 12

P. 13

P. 14-15

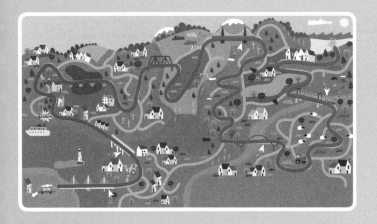

P. 17

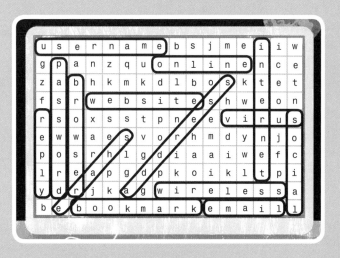

P. 16 略

P. 18 略

P. 19

P. 20-21

P. 22 略

P. 24-25 略

P.23

P.26

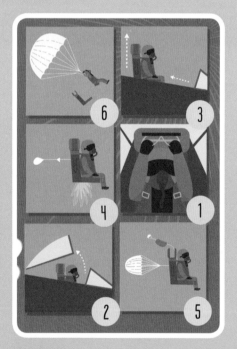

P. 27
手指、腳趾、肩膀、膝蓋和腳踝

P. 28-29 略